Hassan Hashemzadeh
Heidar Raissi

Nanotubos de carbono na terapia do cancro

Hassan Hashemzadeh
Heidar Raissi

Nanotubos de carbono na terapia do cancro

ScienciaScripts

Imprint

Any brand names and product names mentioned in this book are subject to trademark, brand or patent protection and are trademarks or registered trademarks of their respective holders. The use of brand names, product names, common names, trade names, product descriptions etc. even without a particular marking in this work is in no way to be construed to mean that such names may be regarded as unrestricted in respect of trademark and brand protection legislation and could thus be used by anyone.

Cover image: www.ingimage.com

This book is a translation from the original published under ISBN 978-620-2-02219-4.

Publisher:
Sciencia Scripts
is a trademark of
Dodo Books Indian Ocean Ltd. and OmniScriptum S.R.L publishing group

120 High Road, East Finchley, London, N2 9ED, United Kingdom
Str. Armeneasca 28/1, office 1, Chisinau MD-2012, Republic of Moldova, Europe
Printed at: see last page
ISBN: 978-620-7-93416-4

A funcionalização de nanotubos de carbono para aumentar a eficácia do medicamento anticancerígeno paclitaxel - um estudo de simulação de dinâmica molecular

Hassan Hashemzadeh e Heidar Raissi

ÍNDICE DE CONTEÚDOS

Visão geral

Os nanotubos de carbono (CNT) são amplamente utilizados nos sistemas de administração de medicamentos (DDS) devido às suas propriedades químicas e físicas únicas. A investigação das interacções entre biomoléculas e CNTs é um tema interessante e importante nas aplicações biológicas. Neste estudo, utilizámos a simulação de dinâmica molecular (MD) para investigar o mecanismo de adsorção do fármaco anticancerígeno paclitaxel (PTX) em CNTs pristinos e funcionalizados (f-CNT) em soluções aquosas. Os nossos resultados teóricos mostram que o PTX pode ser adsorvido nas paredes laterais dos CNT por diferentes métodos. No caso dos f-CNTs, a PTX pode ser adsorvida nos grupos funcionais devido à existência de interacções polares. Estas interacções nos CNT funcionalizados com polietilenoglicol (PEG) são maiores do que nos outros sistemas investigados. Além disso, verificou-se que a solubilidade dos CNTs em solução aquosa é aumentada pela funcionalização. Este aumento está relacionado com as ligações de hidrogénio intermoleculares entre os grupos funcionais e as moléculas de solvente. O grupo PEG tem o maior efeito na solubilidade dos CNTs em solução aquosa devido às interacções mais polares.

Introdução

Atualmente, o cancro é uma das principais causas de mortalidade nas sociedades modernas. No tratamento do cancro, tem sido utilizada uma variedade de fármacos anticancerígenos, mas a maioria destes fármacos apresenta toxicidade sistémica e baixa eficácia terapêutica com efeitos secundários agudos [1-3]. A PTX é um forte fármaco anticancerígeno para o tratamento de uma vasta gama de cancros. No entanto, a utilização deste fármaco é limitada devido à sua muito baixa solubilidade em soluções aquosas e aos seus efeitos secundários graves [4].

Atualmente, foram desenvolvidos muitos sistemas baseados na administração de fármacos para aumentar a biodisponibilidade e reduzir os efeitos secundários dos fármacos anticancerígenos. Existem vários tipos de nanopartículas, como as nanopartículas poliméricas, os CNT e os nanocristais, que podem ser utilizados como DDS para a molécula do fármaco PTX. O encapsulamento da PTX nestas nanopartículas biodegradáveis e não tóxicas pode aumentar a solubilidade da PTX, melhorar os perfis farmacocinéticos da PTX in vivo e diminuir os seus efeitos secundários [5].-Geralmente, um dos melhores transportadores para a administração de fármacos são os CNT, uma vez que se podem ligar às moléculas do fármaco através de interacções covalentes ou não covalentes [6]. Este tipo de DDS pode melhorar o desempenho terapêutico das moléculas de fármacos. Uma vez que os CNTs primitivos são quimicamente inertes e não se dissolvem em solventes, é normalmente necessária uma funcionalização covalente ou não covalente para os tornar solúveis e também para anexar outras moléculas químicas. Estas modificações podem alterar as propriedades dos CNTs, tais como a seletividade, a biocompatibilidade, a solubilidade e diminuir a toxicidade e a retenção no tumor [7].

Lay et al. referiram que a modificação dos CNT com grupos PEG permite melhorar a citotoxicidade da PTX nas células cancerosas e aumentar a sua solubilidade. Verificaram também que os CNT modificados podem ser utilizados como DDS para melhorar a biodisponibilidade e a eficácia de fármacos insolúveis [8].

Arsawang et al. efectuaram uma simulação MD para obter mais informações sobre as propriedades estruturais do encapsulamento da gemcitabina nos nanotubos de carbono de parede simples (SWNT). Os resultados obtidos indicaram que a molécula do fármaco prefere localizar-se no interior dos SWNT e que a formação da interação de empilhamento π-π entre o anel de citosina do fármaco e os CNT é a principal interação no encapsulamento do fármaco [9]. Li et al. apresentaram resultados de simulação MD para as interacções vinblastina (VLB)-CNT em diferentes condições. Os resultados de energia livre revelam que a molécula de fármaco pode assumir três orientações estáveis na parede lateral do CNT sob o modo de fixação de carga. Além disso, verificaram que a funcionalização dos CNT com grupos ésteres melhorou a biocompatibilidade do fármaco com sistemas biológicos e reduziu a toxicidade dos CNT [10].

Mousavi et al. realizaram uma dinâmica molecular dirigida (SMD) para investigar os mecanismos de penetração da PTX encapsulada em nanotubos de carbono (CNT) através da membrana da bicamada fosfolipídica. Verificaram que os CNT facilitam a entrega orientada da molécula polar PTX através da bicamada lipídica, uma vez que têm a capacidade de penetrar na membrana celular. Os seus resultados mostram que as interacções de van der Waals e de ligação de hidrogénio (HB) são as principais interacções no transporte das moléculas de PTX [11].

Apesar da existência de numerosos estudos experimentais sobre os CNTs (os CNTs pristinos e modificados) baseados na entrega de PTX [8, 12], há poucos relatos teóricos que investigam as interacções entre este fármaco e os CNTs. Por conseguinte, é necessário compreender a fundo estes sistemas e melhorar o desempenho dos DDSs. Estes estudos teóricos podem fornecer conhecimentos fundamentais para a conceção e otimização dos transportadores baseados em CNT para a administração de PTX.

No presente trabalho, investigámos e comparámos o mecanismo de adsorção do fármaco anticancerígeno PTX nos CNTs pristinos e funcionalizados. A funcionalização dos CNTs foi feita usando grupos carboxílicos (-COOH), CH2NH2 (-AMINA) e -PEG. O PEG é um polímero biocompatível, que pode ser conjugado com os CNTs e tem vantagens atractivas, tais como a extensão do tempo de circulação sanguínea dos CNTs, reduzindo a quantidade da sua absorção pelo sistema reticuloendotelial (RES) [7], e também melhora a dispersão e a biocompatibilidade dos CNTs, etc. Além disso, examinámos a orientação adsorvida da molécula PTX nas paredes laterais dos CNT. Por último, foram efectuadas investigações exaustivas sobre o papel dos grupos funcionais na solubilidade dos CNT em soluções aquosas. A avaliação do efeito de vários grupos funcionais no desempenho do DDS e na solubilidade do PTX distingue o nosso estudo das outras investigações. Os resultados deste trabalho podem dar uma ideia do efeito dos grupos funcionais no DDS à base de CNT, o que poderá ser útil em futuros estudos experimentais efectuados por cientistas médicos.

Parte 1: Métodos

1.1. Preparação das estruturas

Um SWNT armchair (12, 12) com um diâmetro de 1,61 *nm* e um comprimento de 4 *nm* foi selecionado como portador modelo. O CNT foi inicialmente gerado a partir do pacote Nanotube Modeler [13] e depois funcionalizado com grupos -COOH, -PEG (contém 12 monómeros [14]) e -AMINE em quatro locais em duas entradas do CNT (a **Figura 1** mostra a estrutura do CNT pristino e dos *f-CNTs a* partir da vista frontal e lateral).

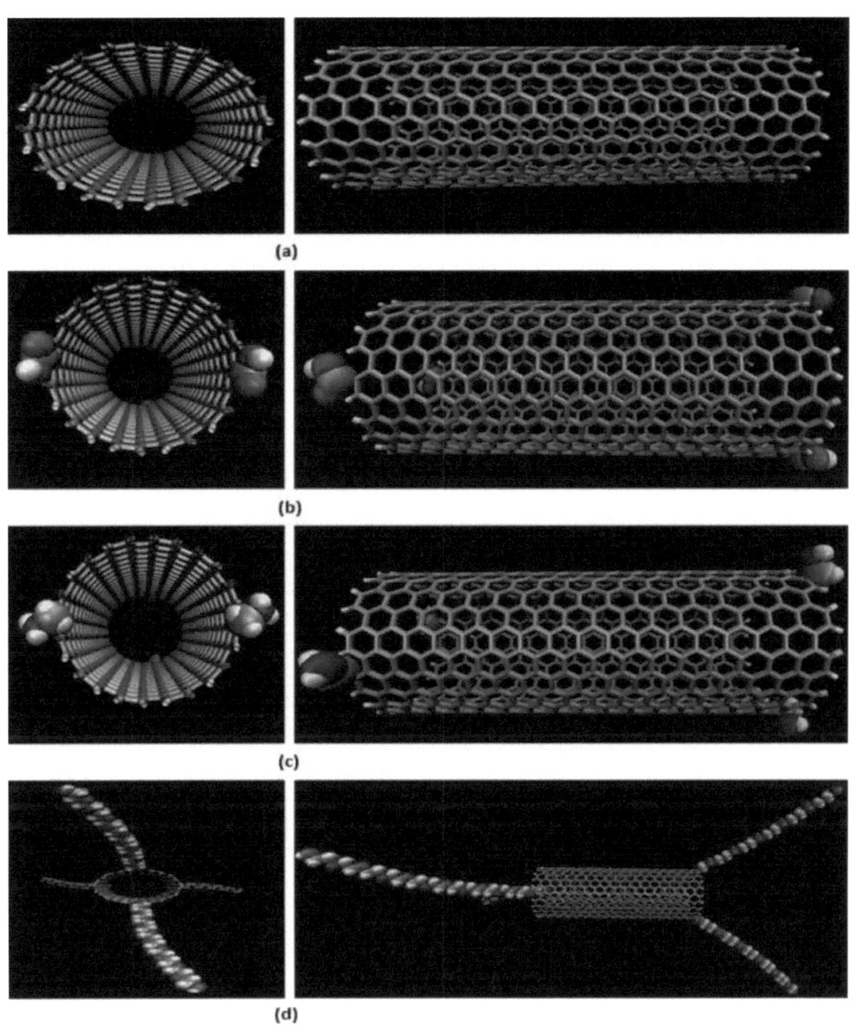

Figura 1. Estrutura esquemática dos CNT pristinos e *-CNTs a* partir da vista frontal e lateral (a) CNT pristino (b) COOH-CNT (c) AMINE-CNT (d) PEG-CNT.

A geometria da molécula PTX foi optimizada ao nível da teoria B3LYP/6-31G*, tal como implementado no pacote GAMESS, e as cargas parciais em cada átomo foram obtidas a partir destes cálculos DFT [15]. A estrutura química da molécula de PTX é apresentada na **Figura 2**.

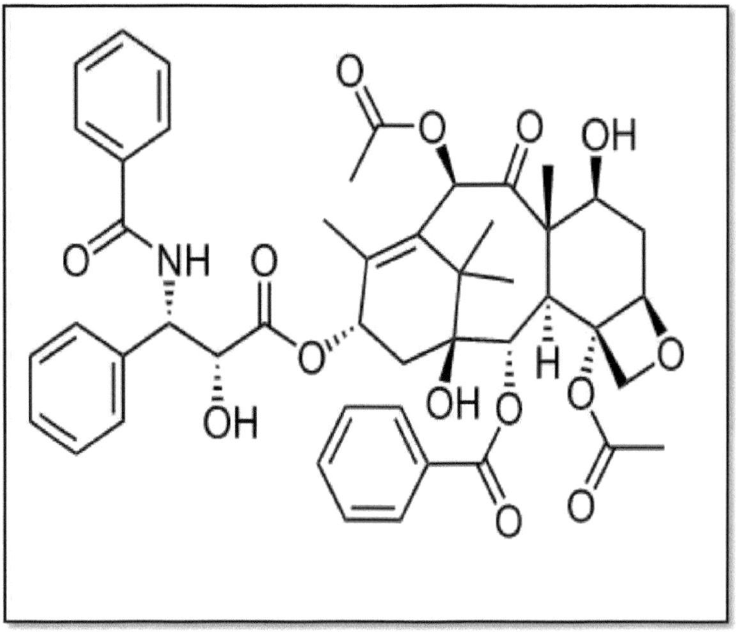

Figura 2. Estrutura do paclitaxel (PTX)

É de notar que em todos os sistemas investigados (CNT pristinos e *f-CNTs*) as moléculas de PTX estavam localizadas em torno da superfície exterior dos CNT e separadas a uma distância suficiente (> 3 nm) para eliminar o efeito das orientações iniciais [16].

1.2. Campos de força

Os parâmetros dos campos de força para os CNT, grupos funcionais e PTX, foram retirados do campo de força charmm27 [17]. O estiramento das ligações é descrito pela seguinte equação:

$$U(b) = K_b \, (b - b)_0^2 \tag{1}$$

Onde K_b , e b, são a constante de força de ligação e o comprimento da ligação, respetivamente. O subscrito zero representa os valores de equilíbrio para os termos individuais.

Enquanto o ângulo de flexão é dado por:

$$U(e) = K_\theta \, (\theta - \theta)_0^2 \tag{2}$$

Em que K_e e 6 são as constantes de força angular e o ângulo de ligação, respetivamente.

O potencial de torção no CNT é dado por:

$$U(\varphi) = K_\varphi + cos(n\varphi - \delta)) \tag{3}$$

Onde K_φ e φ são as constantes de força diédricas e os ângulos diédricos, respetivamente, n é a multiplicidade e S é a fase, que dita a localização dos mínimos e máximos.

Finalmente, as interacções não ligadas são calculadas com base no potencial de Lennard-Jones, de acordo com a expressão:

$$U(r_{ij}) = \varepsilon_{ij} \left[\left(\frac{\sigma_{ij}}{r_{ij}}\right)^{12} - 2\left(\frac{\sigma_{ij}}{r_{ij}}\right)^{6} \right] \tag{4}$$

Na Eq (4), $\acute{e}ij = \sqrt{\acute{e}ii\ \acute{e}jj}$ é a profundidade do poço, onde i e j são os índices dos átomos em interação, rij é a distância interatômica e $\sigma ij = 1/2\ (\sigma ii\ \sigma jj)$ é a distância na qual o termo LJ tem seu mínimo. **A Tabela 1** mostra os valores dos parâmetros LJ na interação sem ligação para os CNT e os grupos funcionais.

Tabela 1. Parâmetros de Lenard Jones aplicados aos CNT e aos grupos funcionais neste estudo.

	Atom	Sigma (A°)	Epsilon (kj/mol)	CNT
CNT	CA	0.35500	0.29288	
	HA	0.24200	0.12552	
PEG	CR	0.38754	0.23012	
	HC	0.23520	0.09205	
	O	0.31538	0.63639	
	O1	0.29578	0.66567	
	HO	0.04000	0.19246	
AMINE	C	0.35635	0.46024	
	H	0.23520	0.09205	
	N	0.32963	0.83680	
	HN	0.04000	0.19246	
COOH	C	0.35636	0.46024	
	O	0.30291	0.50208	
	O1	0.31538	0.63639	
	HO	0.04000	0.19246	

Com base em trabalhos anteriores [18-19], os átomos dos CNT foram modelados como partículas de Lennard-Jones não carregadas. A topologia do PTX para aplicação em simulações MD foi retirada do servidor SwissParam [20]. É de notar que o ficheiro de entrada para o SwissParam no formato mol2 foi construído a partir da estrutura optimizada do PTX. O modelo TIP3P foi utilizado para simular as moléculas de água em todos os sistemas [21].

1.3 Energia livre

As energias livres de solvatação foram calculadas pelo método de integração termodinâmica [22] com base numa série de simulações MD efectuadas com o software GROMACS.

No GROMACS, o Hamiltoniano da solução é decomposto em contribuições soluto-soluto, soluto-solvente e solvente-solvente. Um parâmetro de acoplamento, λ, é aplicado à parte soluto-solvente do Hamiltoniano, de modo a que a sua contribuição possa ser modulada entre interacções completas (correspondendo a $\lambda=0$) e nenhuma interação ($\lambda=1$). Esta aplicação específica evita a necessidade de um cálculo separado de um único soluto no vácuo para ter em conta a contribuição das interacções intramoleculares soluto-soluto, através de um ciclo termodinâmico.

Na integração termodinâmica, são efectuadas simulações independentes para diferentes valores de λ, entre 0 e 1, e a média do gradiente do Hamiltoniano em relação a λ é calculada sobre um grande número de configurações em equilíbrio. A energia livre de solvatação (ΔG_{sol}) é então calculada integrando numericamente o gradiente do

Hamiltoniano sobre l, de acordo com a eq. (5):

$$\Delta G_{sol} = \int_0^1 < \frac{\partial H(p,q,\lambda)}{\partial \lambda} > d\lambda \tag{5}$$

Onde H é o Hamiltoniano do sistema, que depende das posições das partículas *(q)* e dos momentos (p), bem como do parâmetro de acoplamento.

1.3. Simulação

Neste trabalho, a simulação de dinâmica molecular foi efectuada utilizando o pacote de simulação MD GROMACS 4.5.5 [23]. A temperatura corporal é de 310 *K* e, por esta razão, a simulação MD foi efectuada a esta temperatura. A temperatura foi mantida através da aplicação do termóstato de escala V e a pressão foi mantida constante a 1 *bar* utilizando o algoritmo de Berendsen [24]. As equações do movimento foram resolvidas utilizando o algoritmo leap-frog sob condições de fronteira periódicas e a simulação foi efectuada durante um tempo total de 150 *ns*.

Para todos os sistemas, as dimensões da caixa de simulação foram definidas como 7 *nm* * 7 *nm* * 13 *nm*. O algoritmo LINCS foi utilizado para restringir todas as ligações em todos os sistemas. O método ParticleMesh Ewald (PME) foi utilizado para tratar as interacções electrostáticas de longo alcance, enquanto as interacções electrostáticas entre grupos carregados, as interacções Lenard-Jones (L-J), foram calculadas com um corte de 1,4 *nm*. Foi utilizado o algoritmo de grelha para procurar vizinhos. O programa de dinâmica molecular visual (VMD) foi utilizado para a visualização molecular [25]. As estruturas inicial e final dos sistemas investigados com 5 moléculas de PTX foram mostradas na **Figura 3, em** vista superior e lateral.

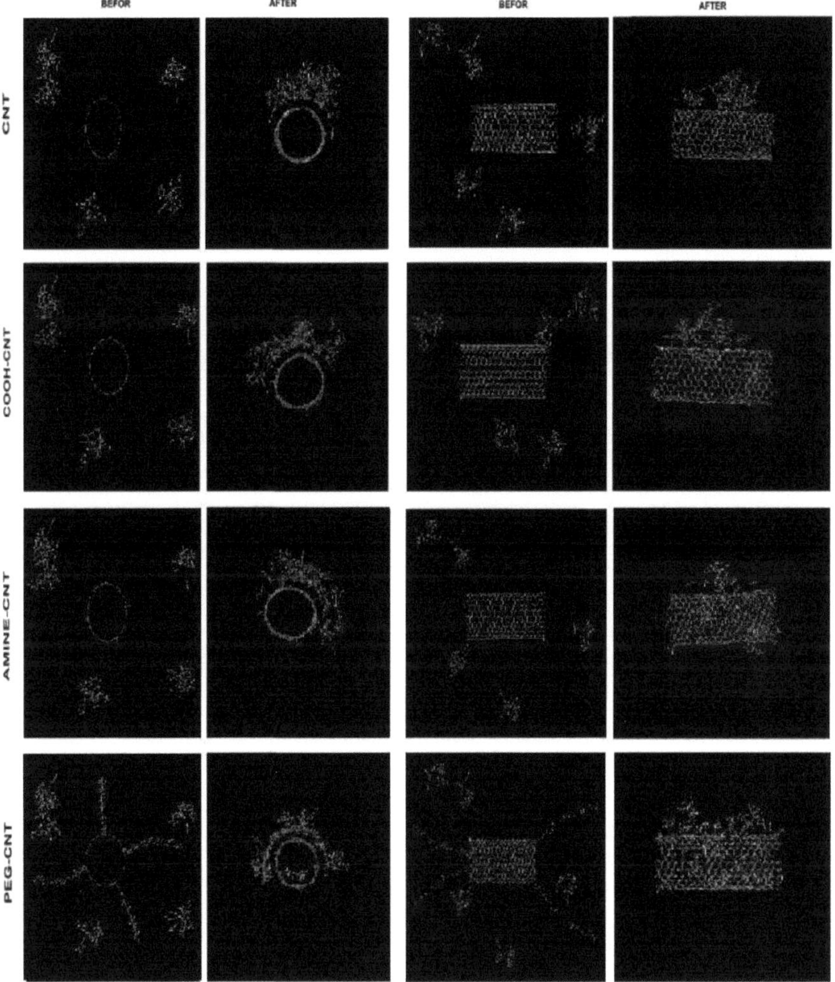

Figura 3. Imagens iniciais e finais de diferentes sistemas, obtidas a partir da simulação MD. As moléculas de água não são mostradas para maior clareza.

Parte 2: Resultados

2.1 Mecanismo de adsorção

O estado de equilíbrio e a estabilidade da estrutura durante as simulações MD podem ser avaliados por várias quantidades, tais como a energia potencial e total, o desvio médio quadrático (RMSD), a pressão dos sistemas, etc. [19,26]. **As Figuras 4 e 5** mostram as curvas de **RMSD** e de **energia total**, respetivamente, para todos os sistemas investigados. Os resultados indicam que todos os sistemas atingiram o estado de equilíbrio após 1 *ns*.

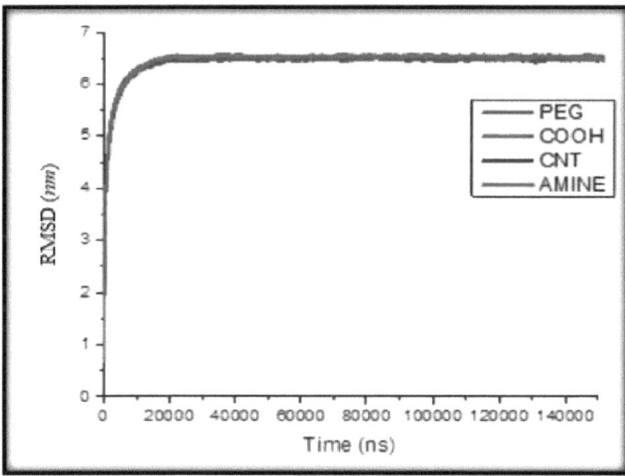

Figura 4. Curvas RMSD para CNT pristinos e *f-CNTs*.

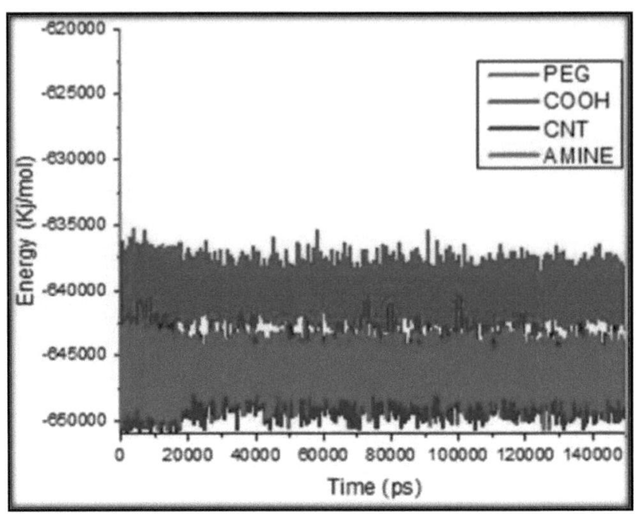

Figura 5. Curvas de energia total para *CNTs* pristinos e *f-CNTs*.

A função de distribuição radial (RDF) para todos os sistemas nos primeiros 10 ns de simulações foi calculada para analisar as características das interacções. A FDR representa a probabilidade de encontrar o átomo *i* numa concha esférica a uma certa distância *(r)* do átomo *j*. Um pico acentuado nos gráficos da FDR é atribuído à interação entre dois grupos. O RDF para as moléculas de PTX à volta da superfície dos CNT foi calculado e apresentado na **Figura 6a**. De acordo com os resultados obtidos, as principais quantidades de interacções entre as moléculas de PTX e os CNTs existem a uma distância de aproximadamente 0,5-2,2 *nm* e as interacções máximas ocorrem a 0,92 e 2,08 *nm*. Com base em trabalhos anteriores [9, 10], estes picos podem estar relacionados com a formação de interacções π-π stacking entre os anéis aromáticos das moléculas de PTX e as paredes laterais dos CNTs. Além disso, as interacções polares, tais como as interacções π-π parciais e as ligações de hidrogénio (HBs) que se podem

20

formar entre os grupos funcionais dos CNTs e os heteroátomos do PTX, são outras razões para esta observação.

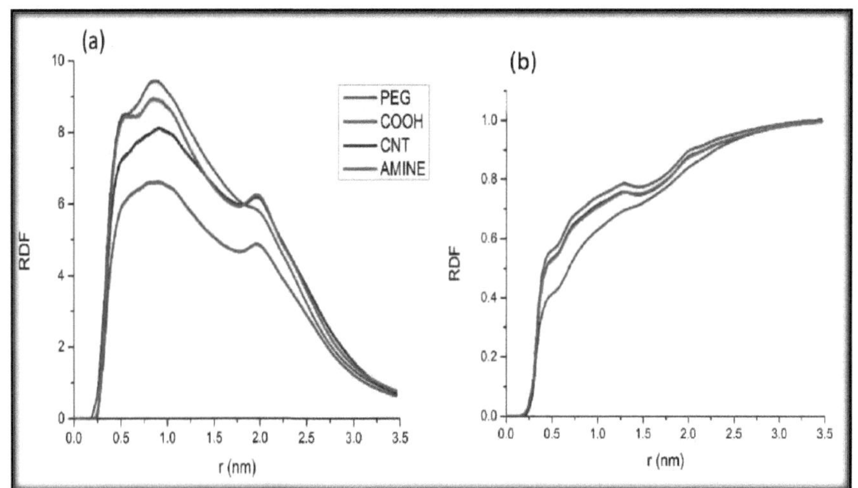

Figura 6: (a) Funções de distribuição radial (RDF) entre PTX e CNTs (b) RDF de moléculas de água em torno de CNT (vermelho), COOH-CNT (azul), AMINE-CNT (rosa) e PEG-CNT (verde)

É de salientar que o pico mais intenso foi observado no sistema PEG-CNT, o que mostra que este sistema tem mais interação com o PTX do que os outros sistemas. O RDF das moléculas de água em torno da superfície dos CNTs foi calculado e mostrado na **Figura 6b**. É óbvio que o pico de menor intensidade está relacionado com o sistema PEG- CNT. Este resultado confirma que o aumento da interação entre os CNT e o fármaco leva à repulsão das moléculas de água dos CNT.

Para compreender a orientação molecular do PTX adsorvido nos CNT, calculámos o RDF atómico da molécula do fármaco. O RDF atómico calculado para as moléculas do fármaco é apresentado na **Figura 7a**. Observa-se que os picos agudos para os átomos do anel aromático (átomos CA e HA) e grupos amina (átomos N e HN) estão localizados a 0,50 e 0,70 *nm,* enquanto os picos largos para outros átomos (CR, CO, OC, HO e HC) estão localizados entre 0,80 e 1,10 *nm.* Estes resultados mostram que a molécula de PTX com os seus anéis aromáticos é adsorvida nas paredes laterais dos CNT, o que realça o empilhamento nn entre o PTX e a superfície dos CNT, que desempenha o papel principal na adsorção do fármaco. Além disso, é interessante notar que os átomos de oxigénio do fármaco estão orientados para longe dos CNT e em direção à fase aquosa para aumentar a solubilidade do DDS em solução aquosa. De acordo com estes resultados, o nosso modelo esquemático sugerido para a orientação da adsorção da molécula de PTX nos PEG-CNT é apresentado na **Figura 7b.**

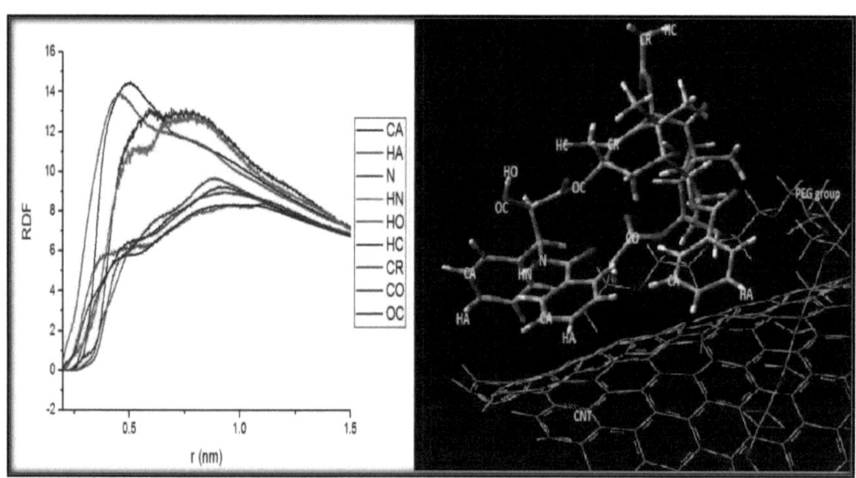

Figura 7. a) RDF atómico entre os átomos de PTX e os PEG-CNT **b)** modelo esquemático da orientação do PTX nos PEG-CNT.

Para estudar a geometria das interacções de empilhamento π-π, calculámos a distância
entre a superfície dos CNT e os anéis aromáticos do PTX. A vista esquemática da
distância entre o CNT e o PTX é apresentada na **Figura 8**.

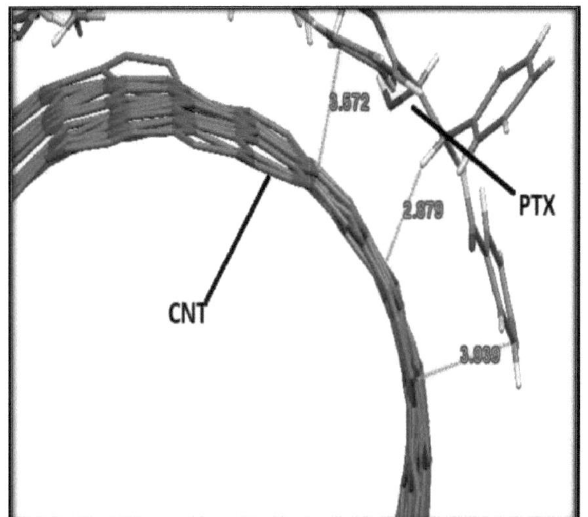

Figura 8. Interacções de empilhamento π-π entre PEG-CNT e PTX.

Existem dois tipos de interacções de empilhamento n entre os grupos arilo da PTX e a
superfície dos CNT, interacções de empilhamento π-π em forma de T e paralelas, com
2,87 A° e 3,57-3,93 A° da parede lateral dos CNT, respetivamente. Na orientação
paralela, o anel aromático da PTX tem uma estrutura quase coplanar (ângulo de torção
de 6°).

A energia de van der Waals entre o PTX e os CNT pristinos e *os f-CNTs* foi
calculada e apresentada nas **Figuras 9a.** Pode observar-se que, no início da simulação,
existe pouca atração de van der Waals entre as moléculas de PTX e os CNT, mas, ao

aproximar as moléculas de PTX da superfície dos CNT, a energia de van der Waals diminui. Esta constatação confirma que as moléculas do fármaco podem ser adsorvidas espontaneamente na superfície dos CNT em soluções aquosas. **A Figura 9b** mostra também algumas conformações representativas nas primeiras trajectórias de simulação de 15 ns. Estas conformações indicam claramente que a absorção do fármaco conduz à diminuição da energia de van der Waals.

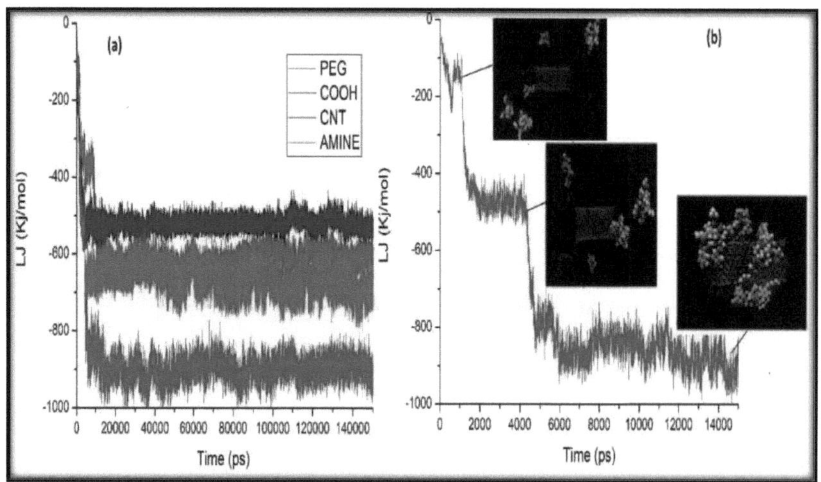

Figura 9 a) Interacções de Van der Waals (Leanard-Jones, LJ) entre as moléculas de fármaco e CNT (vermelho), COOH-CNT (azul), AMINE-CNT (rosa) e PEG-CNT (verde). b) Instantâneos representativos da adsorção do fármaco no PEG-CNT relativamente às alterações nos valores de energia de Van der Waals (nos primeiros 15 ns de simulação).

Mousavi et al. mencionaram que a interação de van der Waals é uma das principais interacções na entrega de moléculas de PTX [11]. Como resultado, concluímos que os sistemas com o menor valor de LJ têm maior eficiência na absorção celular do fármaco.

A Figura 9 ilustra que as interacções de van der Waals no sistema PEG-CNT são mais fortes do que nos outros sistemas (ver Figura 9). Isto indica que, neste sistema, as moléculas de PTX interagem mais favoravelmente com maior afinidade.

O número de contactos atómicos entre as moléculas de PTX e os CNT pristinos e os f-CNT foi calculado, utilizando:

$$N_c(t) = \sum_{i=1}^{N_{CNT}} \sum_{j=1}^{N_{PTX}} \int_{r_i}^{r_i + 0.6\ nm} \delta\left(r(t) - r_j(t)\right) dr \tag{6}$$

Aqui, N_{CNT} e N_{PTX} são o número total de átomos de CNT e PTX, respetivamente, e rj é a distância do átomo j^{th} de PTX ao átomo i^{th} do CNT. A função δ assegura a contagem de todos os átomos do fármaco a menos de 0,6 *nm* dos átomos do CNT. **A figura 10** mostra o número de contactos atómicos entre as moléculas de PTX e os CNT pristinos e os *f-CNT*. Esta figura mostra que, com a adsorção do fármaco, o número de contactos em todos os sistemas aumentou significativamente e, no final da simulação, o número destes contactos para PEG-CNT, AMINE-CNT, COOH-CNT e CNT pristino é de 7900, 5000, 4900 e 4300, respetivamente. Estes valores mostram que o número de contactos com as moléculas de *fármaco* nos sistemas *f-CNT* é superior ao dos CNT pristinos, o que sugere que os grupos funcionais desempenham um papel importante na adsorção do fármaco.

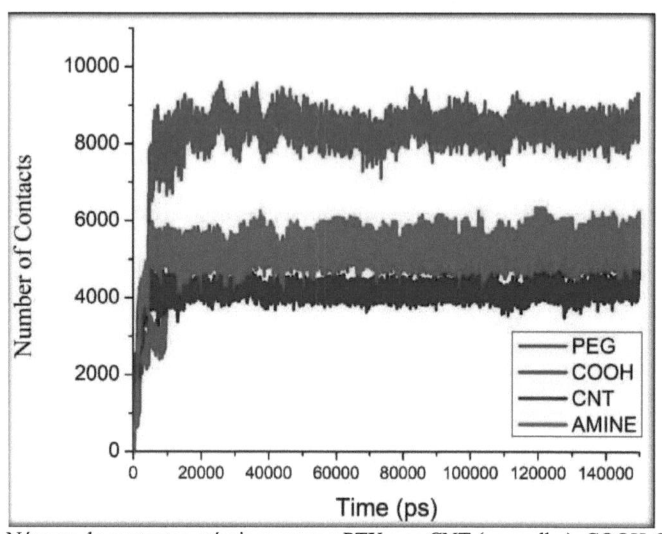

Figura 10. Número de contactos atómicos entre a PTX e os CNT (vermelho), COOH-CNT (azul),

AMINE-CNT (rosa) e PEG-CNT (verde).

Existe uma correlação significativa entre os valores do número de contactos e outros

resultados obtidos, que estão de acordo com os resultados de Lay et al [8] e mostram

claramente que o grupo PEG pode aumentar consideravelmente a eficiência dos CNT na

entrega de PTX.

Além disso, deve mencionar-se que algumas moléculas de fármaco adsorvidas podem

ser dessorvidas da superfície dos CNT e, mais tarde, voltar a ser adsorvidas aos CNT

para assumirem a orientação correcta. Por este motivo, o número de curvas de contacto

apresenta flutuações nos primeiros 5 ns de simulação, estabilizando depois. (ver **Figura

10**) [18].

Para melhor esclarecer o efeito dos grupos funcionais na adsorção do fármaco, calculámos o RDF e o número de HBs entre os grupos funcionais e o PTX. O RDF do PTX em torno dos grupos funcionais mostra que a intensidade das interacções entre este grupo e as moléculas de fármaco é acentuadamente elevada para o grupo PEG. (**Figura 11**).

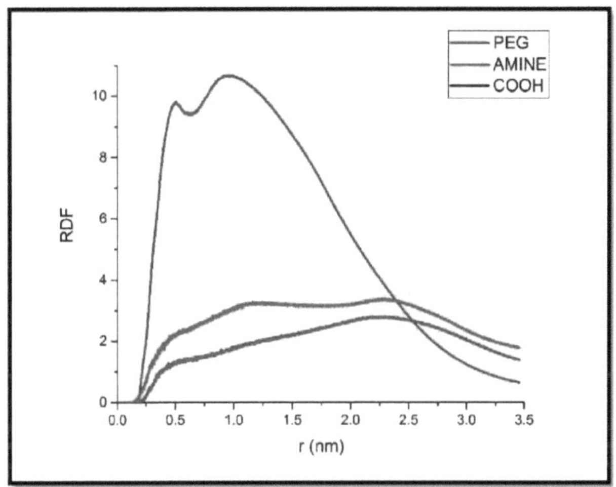

Figura 11 Função de distribuição radial (RDF) entre o fármaco e os grupos funcionais PEG (verde), AMINA (rosa) e COOH (vermelho).

O número de HBs entre as moléculas de PTX e os grupos funcionais é apresentado na **Figura 12**. Como esperado, as HBs entre o grupo PEG e as moléculas de PTX são maiores do que as dos grupos COOH e AMINE. De acordo com as evidências teóricas e experimentais, estas HBs podem aumentar a capacidade de adsorção e aumentar a estabilidade do fármaco [26].

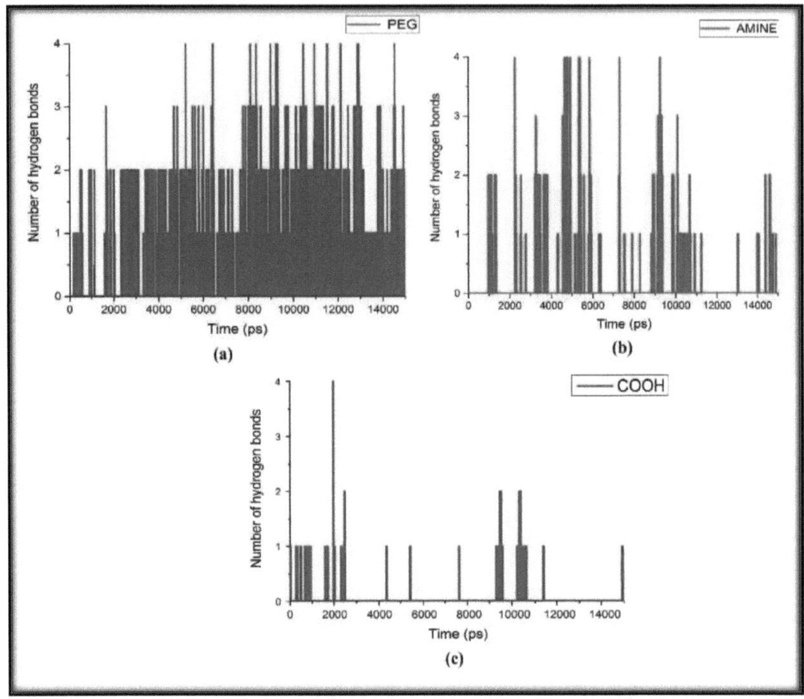

Figura 12. Número de ligações de hidrogénio entre moléculas de *fármacos* e *f-CNTs* (a: PEG-CNT, b:

AMINE-CNT e c: COOH-CNT)

2.2 Solubilidade

O principal objetivo da funcionalização dos CNTs é melhorar a dispersão dos CNTs

em soluções aquosas [2]. No presente trabalho, os CNT foram funcionalizados

utilizando 3 grupos funcionais em 4 centros nos mesmos sítios na extremidade do CNT

(todos os *f-CNT* mostrados na **Figura 1**). Estes grupos foram seleccionados porque

representam uma elevada solubilidade em água e uma boa biocompatibilidade. Foram calculados diferentes parâmetros, incluindo o número de HBs entre os *f-CNT* e as moléculas de água, a energia livre de solvatação, a área de superfície acessível ao solvente (SASA) e o número de moléculas de água numa região de 3,5 *A a* partir da superfície dos CNT, a fim de avaliar o efeito dos grupos funcionais na solubilidade dos CNT.

A HB é, sem dúvida, uma das interacções mais vitais e interessantes que ocorre frequentemente na natureza e que pode afetar muitos processos bioquímicos. As ligações de hidrogénio conduzem a alterações consideráveis nas propriedades dos líquidos, sólidos ou grandes aglomerados. Uma vez que as ligações de hidrogénio são um fenómeno muito importante na natureza, existem muitos estudos para compreender a natureza das ligações de hidrogénio [27-28]. A solubilidade das estruturas orgânicas pode geralmente ser controlada através da formação de ligações de hidrogénio intermoleculares entre as moléculas de água e os seus grupos funcionais [29]. Nos nossos sistemas investigados, as ligações de hidrogénio intermoleculares podem ser formadas entre os heteroátomos dos *f-CNTs* e as moléculas de água. **A Figura 13** mostra uma visão geral da ligação de hidrogénio intermolecular que ocorre entre os grupos funcionais do PEG e as moléculas de solvente. Como se pode ver, o grupo PEG na HB pode atuar tanto como aceitador como dador, de modo que os seus átomos de oxigénio actuam como aceitadores e os grupos hidroxilo terminais actuam como dadores (ver **Figura 13**).

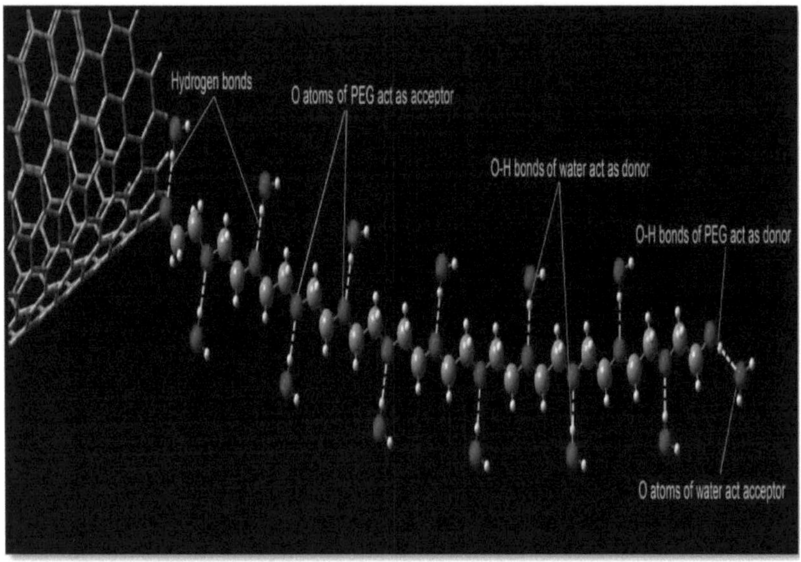

Figura 13. Esquema da ligação de hidrogénio intermolecular que ocorre entre o grupo funcional PEG e as moléculas de água.

O número de HBs entre as moléculas de água e os *f-CNT* foi calculado e apresentado na **Figura 14**. A comparação dos fCNTs com os outros indica que o número de HBs no sistema PEG-CNT **(Figura 14a)** é superior ao dos COOH-CNT e AMINE-CNT. Este resultado mostra que os grupos PEG não só aumentam a capacidade de adsorção, como também aumentam a solubilidade do fármaco em solução aquosa.

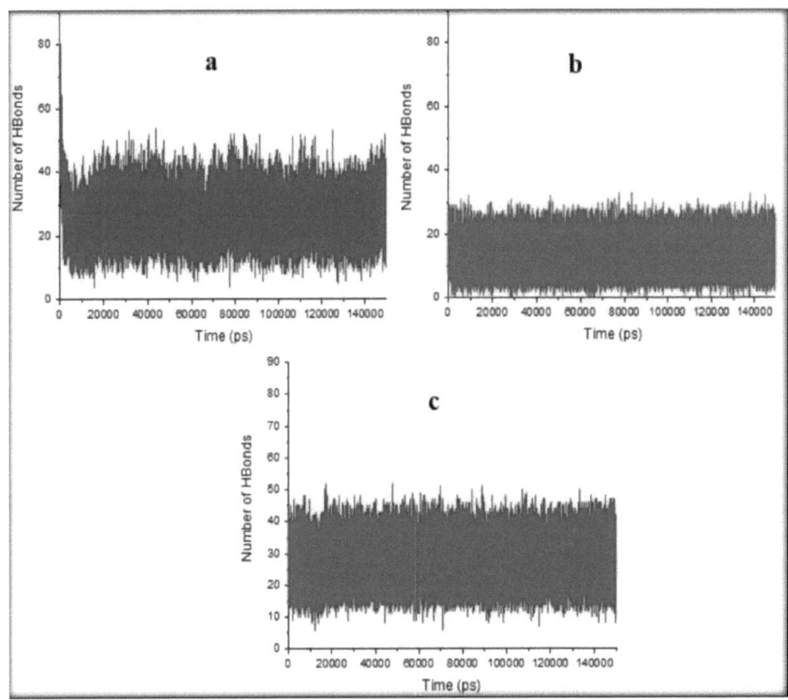

Figura 14 Número de ligações de hidrogénio entre moléculas de água e f-CNTs (a: PEG-CNT, b:

AMINE-CNT e c: COOH-CNT).

Um dos desenvolvimentos mais importantes da química computacional é o cálculo da energia livre de solvatação das moléculas com precisão, utilizando perturbações termodinâmicas.

A energia livre de solvatação, ΔG_{sol} , para CNT e *f-CNT* foi calculada e representada na **Tabela 2**. Entre os 4 sistemas, a energia livre de solvatação mais elevada foi encontrada no sistema PEG-CNT devido à maior formação de HBs entre o PEG e as moléculas de água.

Tabela 2. Energias livres de solvatação calculadas

Name	Free energy (kJ/mol)
CNT	-1829.63
PEG-CNT	-2159.35
COOH-CNT	-1907.84
AMINE-CNT	-1911.06

A SASA é a área da superfície dos compostos que é acessível ao contacto com moléculas de solvente [30]. De acordo com o primeiro algoritmo proposto por Lee e Richards [31], a SASA de um átomo é a área na superfície de uma esfera de raio R, em cada ponto do qual o centro de uma molécula de solvente pode ser colocado em contacto com este átomo sem penetrar em quaisquer outros átomos da molécula. O raio R é dado pela soma do raio de van der Weal do átomo e do raio escolhido da molécula de solvente. Uma aproximação a esta área é calculada por este programa utilizando a fórmula:

$$SASA = \sum \left| \frac{R}{\sqrt{R^2 - Z_i^2}} \right| L_i . D \tag{7}$$

$$D = \Delta Z / 2 + \Delta' Z \tag{8}$$

Em que Li é o comprimento do arco traçado numa dada secção i, Zi é a distância perpendicular do centro da esfera à secção i, ΔZ é o espaçamento entre as secções e $\Delta'Z$

é $\Delta Z/2$ ou $R - Zi$, consoante o que for menor. O somatório é feito sobre todos os arcos desenhados para um dado átomo [32].

A Figura 15 mostra o SASA hidrofóbico para todos os sistemas investigados. Os valores médios do SASA hidrofóbico para CNT, COOH-CNT, AMINE-CNT e PEG-CNT são 59,45, 53,32, 51,99 e 62,92 nm^2 respetivamente. Os valores mais elevados para o PEG-CNT em comparação com os outros CNTs confirmam que o sistema PEG-CNT tem mais área de superfície, que está disponível para interagir com as moléculas de água.

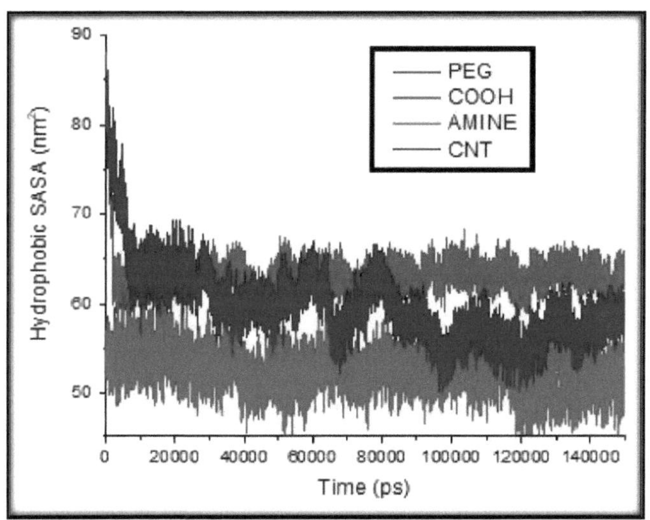

Figura 15 SASA hidrofóbico para *CNTs* pristinos e *f-CNTs*.

Além disso, **a Figura 15** indica que o SASA hidrofóbico de todos os sistemas diminui com o aumento do tempo. A razão desta diminuição pode estar relacionada com a formação de interacções π-π entre a superfície hidrofóbica dos CNT e os anéis aromáticos das moléculas do fármaco.

Finalmente, o número de moléculas de água num raio de 3,5 A dos CNT para todos os sistemas, em função do tempo, está representado na **Figura 16.** As moléculas de água formam um invólucro de hidratação em torno das superfícies dos CNT, que pode ser afetado pela adsorção do fármaco nas paredes laterais dos CNT. Isto significa que o fármaco afasta as moléculas de água da superfície dos CNT, levando à formação de fortes interacções π-π. Por este motivo, o número de moléculas de água diminuiu em todos os sistemas investigados. Além disso, esta figura mostra que o número de moléculas de água no sistema PEG-CNT é quase superior ao dos outros sistemas. Estes resultados indicam que este sistema é mais solúvel em solução aquosa.

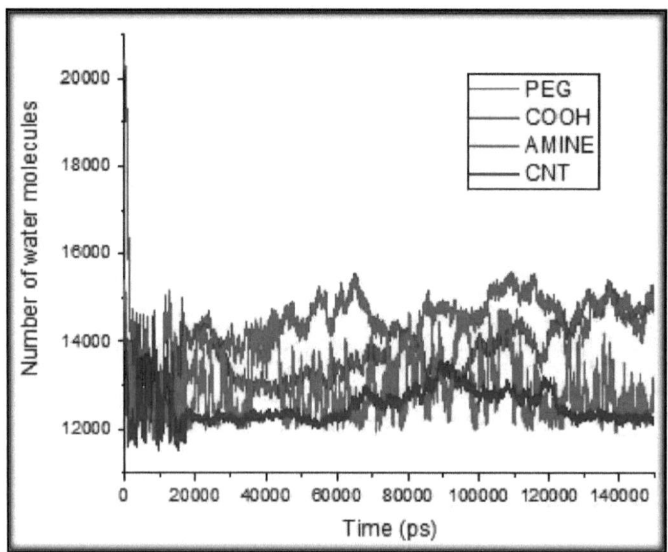

Figura 16. Número de moléculas de água dentro dos CNTs para CNTs pristinos e *f-CNTs* em função do tempo de simulação.

Os resultados obtidos do número de HBs, da energia livre, da SASA e do número de moléculas de água estão de acordo e mostram que a funcionalização dos CNT aumenta a sua solubilidade. Além disso, estes parâmetros confirmam que o sistema PEG-CNT tem a maior solubilidade.

Conclusões

Foram efectuadas simulações MD para investigar o mecanismo de adsorção do fármaco PTX num CNT pristino e em *f-CNTs* em solução aquosa. Neste trabalho, os CNT foram funcionalizados com COOH, PEG (com 12 monómeros) e CH2NH2 em 4 centros nos mesmos locais nas extremidades dos CNT. As funções de distribuição radial, a energia de van der Walls, o número de contactos e o número de ligações de hidrogénio são analisados para compreender a natureza das principais interacções entre as moléculas de PTX e os CNTs. Os resultados obtidos mostram que o fármaco PTX pode ser adsorvido nos CNTs por empilhamento π-π que se formou entre o PTX e as superfícies dos CNTs e também pela formação de interacções polares entre o fármaco e os grupos funcionais dos f-CNTs. Os resultados da energia de van der Waals e do número de contactos indicam que o sistema PEG- CNT tem o melhor desempenho na adsorção do fármaco.

O número de ligações de hidrogénio, a área de superfície acessível ao solvente e o número de moléculas de água em torno dos CNT mostram que a funcionalização aumenta fortemente a solubilidade dos CNT. Este facto pode ser atribuído à formação de ligações de hidrogénio entre os grupos funcionais dos CNT e as moléculas de água. Além disso, o sistema PEG- CNT tem a maior solubilidade em solução aquosa.

Referências:

1. Cragg GM, Grothaus PG, Newman DJ (2009) Impacto dos produtos naturais no desenvolvimento de novos agentes anticancerígenos. Chem Rev 109:3012-3043.

2. Kushwaha S, RastogI a, Rai A, Singh S (2012) Novel Drug Delivery System for Anticancer Drug: A Review. SphinxsaiCom 4:542-553.

3. Vashist SK, Zheng D, Pastorin G, et al (2011) Delivery of drugs and biomolecules using carbon nanotubes. Carbon N Y 49:4077-4097.

4. Rowinsky EK, Donehower RC (1995) Paclitaxel (taxol). N Engl J Med 332:1004-1014.

5. Ma P, Mumper RJ (2013) Paclitaxel nano-delivery systems: a comprehensive review. J Nanomed Nanotechnol 4:1000164.

6. Sun H, She P, Lu G, et al (2014) Avanços recentes no desenvolvimento de nanotubos de carbono funcionalizados: um vetor versátil para a administração de medicamentos. J Mater Sci 49:6845-6854. doi: 10.1007/s10853-014-8436-4

7. Jain KK (2012) Avanços na utilização de nanotubos de carbono funcionalizados para a conceção e descoberta de medicamentos. Expert Opin Drug Discov 1-9. doi: 10.1517/17460441.2012.722078

8. Lay CL, Liu HQ, Tan HR, Liu Y (2010) Entrega de paclitaxel por carregamento físico em nanotubos de carbono de enxerto de poli (etilenoglicol) (PEG) para uma terapêutica potente do cancro. Nanotecnologia

21:65101.

9.   Arsawang U, Saengsawang O, Rungrotmongkol T, et al (2011) Como é que os nanotubos de carbono servem de portadores para o transporte de gemcitabina num sistema de administração de medicamentos? J Mol Graph Model 29:591-596.

10. Li Z, Tozer T, Alisaraie L (2016) Estudos de dinâmica molecular para otimização da carga não covalente de vinblastina em nanotubos de carbono de parede simples. J Phys Chem C 120:4061-4070.

11. Mousavi SZ, Amjad-Iranagh S, Nademi Y, Modarress H (2013) Penetração de fármacos encapsulados em nanotubos de carbono através da membrana celular: uma investigação baseada na simulação de dinâmica molecular direccionada. J Membr Biol 246:697-704.

12. Liu Z, Chen K, Davis C, et al (2008) Drug delivery with carbon nanotubes for in vivo cancer treatment. Cancer Res 68:6652-6660.

13. http://www.jcrystal.com/products/wincnt/, Nanotube Modeler, JCrystalSoft Ed., 2004-2005.

14. Maata J, Vierros S, Van Tassel PR Sammalkorpi M (2014) Dispersão selectiva e não covalente de nanotubos de carbono por lípidos PEGilados: Um estudo de dinâmica molecular de granulação grossa. J Chem Eng Data 59:3080- 3089.

15. Schmidt MW, Baldridge KK, Boatz JA, et al (1993) General atomic and molecular electronic structure system. J Comput Chem 14:1347-1363.

16. Ghadamgahi M, Ajloo D (2015) Dinâmica molecular sobre o efeito da ureia na encapsulação da tretinoína em nanotubos de carbono. J Braz Chem Soc 26:185-195.

17. Brooks BR, Brooks CL, MacKerell AD, et al (2009) CHARMM: o programa de simulação biomolecular. J Comput Chem 30:1545-1614.

18. He Z, Zhou J (2014) Probing carbon nanotube--amino acid interactions in aqueous solution with molecular dynamics simulations. Carbon N Y 78:500-509.

19. Zaboli M, Raissi H (2016) A influência da nicotina na encapsulação de pioglitazona em nanotubos de carbono: a investigação da dinâmica molecular e da teoria funcional da densidade. J Biomol Struct Dyn 1102:1-15. doi: 10.1080/07391102.2016.1152565

20. Zoete V, Cuendet MA, Grosdidier A, Michielin O (2011) SwissParam: uma ferramenta de geração rápida de campos de força para pequenas moléculas orgânicas. J Comput Chem 32:2359-2368.

21. Jorgensen WL, Chandrasekhar J, Madura JD, et al (1983) Comparison of simple potential functions for simulating liquid water. J Chem Phys 79:926-935.

22. Kirkwood JG (1935) Statistical mechanics of fluid mixtures (Mecânica estatística das misturas de fluidos). J Chem Phys 3:300-313

23. Hess B, Kutzner C, Van Der Spoel D, Lindahl E (2008) GROMACS 4:

algoritmos para simulação molecular altamente eficiente, com equilíbrio de carga e escalável. J Chem Theory Comput 4:435-447.

24. Berendsen HJC, Postma JPM van, van Gunsteren WF, et al (1984) Dinâmica molecular com acoplamento a um banho externo. J Chem Phys 81:3684-3690.

25. Humphrey W, Dalke A, Schulten K (1996) VMD: dinâmica molecular visual. J Mol Graph 14:33-38.

26. Izadyar A, Farhadian N, Chenarani N (2016) Simulação de dinâmica molecular da adsorção de doxorrubicina em um feixe de CNT funcionalizado. J Biomol Struct Dyn 34:1797-1805.

27. Toosy NKA, Raissi H, Zaboli M (2016) Cálculos teóricos da ligação de hidrogénio intramolecular do 2-Amino-2, 4, 6-cicloheptatrieno-1-um na fase gasosa e em solução: Efeitos de substituintes e suas posições. J Theor Comput Chem 15:1650063.

28. Khoshbin Z, Raissi H, Zaboli M (2015) O escrutínio computacional baseado em DFT e MP2 sobre frequências vibracionais de estiramento H--F deslocadas para azul em complexos de fluoreto de hidrogénio com nitrilos: Percepções sobre o papel decisivo das ligações de hidrogénio intermoleculares (IMHB) nos estados excitados térreos e electrónicos. Arab. J. Chem.

29. Small PA (1953) Some factors affecting the solubility of polymers. J Appl Chem 3:71-80.

30. Faujan NH, Karjiban RA, Kashaban I, et al (2015) Simulação computacional

da agregação de nano-emulsões de ésteres à base de óleo de palmiste como um potencial sistema de administração parentérica de medicamentos. Arab J Chem

31. Lee B, Richards FM (1971) A interpretação das estruturas proteicas: estimativa da acessibilidade estática. J Mol Biol 55:379-400.

32. Ausaf Ali S, Hassan I, Islam A, Ahmad FA (2014) revisão dos métodos disponíveis para estimar as áreas de superfície acessíveis ao solvente de proteínas solúveis nos estados dobrado e desdobrado. Current Protein and Peptide Science 15: 456-476.

I want morebooks!

Buy your books fast and straightforward online - at one of world's fastest growing online book stores! Environmentally sound due to Print-on-Demand technologies.

Buy your books online at
www.morebooks.shop

Compre os seus livros mais rápido e diretamente na internet, em uma das livrarias on-line com o maior crescimento no mundo! Produção que protege o meio ambiente através das tecnologias de impressão sob demanda.

Compre os seus livros on-line em
www.morebooks.shop

Printed by Books on Demand GmbH, Norderstedt / Germany